中华文化
启蒙阅读资源

张春明　李少白 / 文　丁旗 / 图

二十四节气与七十二物候

二十四节气儿歌

教育科学出版社
·北京·

立春

张春明·文

立春到，岁首至，春节前后是立春。

东风拂，冰雪融，阳光变暖地升温。

虫儿动，鱼儿游，迎春花开迎游人。

雨水

张春明 • 文

雨水到，撑雨伞，一场春雨一场暖。

蒙蒙雨，像银线，地里草芽往外钻。

大雁群，向北还，河里鸭子叫得欢。

惊蛰

李少白·文

雷公把鼓敲，虫儿醒来了。
草木发新芽，黄鹂斑鸠叫。
桃树展花苞，处处春来到。

春分

李少白·文

春到二月中，

燕子回山村。

尾巴像把小剪刀，

剪得昼夜两半分。

桃红李白鸟儿唱，

东风约我放风筝。

清明

张春明·文

清明节，祭祖先，郊游走进田野间。
油菜地，花开遍，新栽小树排河边。
白天气温渐温暖，雨后彩虹挂山前。

8

8

谷雨

李少白·文

雨娃娃过节，
雨点儿跳舞。
柳絮纷纷飞，
牡丹吐新蕊。
一滴雨，一粒谷，
串串雨，赛珍珠。
布谷鸟，唱得欢，
布谷布谷快布谷。

立夏

张春明 · 文

春天走，立夏到，槐树开花青蛙叫。
多灌溉，勤锄草，田里庄稼长得高。
黑夜短，白天长，夏天别忘睡午觉。

小满

李少白·文

小满小满，
江河湖满。
小满小满，
麦粒渐满。
杨梅红来杏儿甜，
蚕宝吐丝造蚕茧。

芒种

李少白·文

夏日阳光笑开花，种子入土要发芽。
种完玉米点豆豆，娃娃爱当小帮手。
芒种时节晚归家，栽秧割麦种芝麻。

夏至

张春明•文

夏至到，夜最短，万物生长最盛繁。
树上知了叫得欢，池中荷花正好看。
夏至后，夜渐长，天气闷热难睡眠。

小暑

李少白·文

小暑天气热，
知了叫声声。
蜻蜓穿梭忙，
荷花映日红。
斗蟋蟀，数星星，
仲夏夜晚追萤虫。

大暑

李少白 • 文

大暑大暑，
上蒸下煮。
到了三伏，
大雨如注。
热得稻谷香，
热得果子熟。
盛夏好礼物，
热得天下足。

立秋

张春明·文

立秋到，风渐凉，中午还是热得慌。
梧桐树，叶子黄，早晨薄雾白茫茫。
一场秋雨一场寒，雨后多多添衣裳。

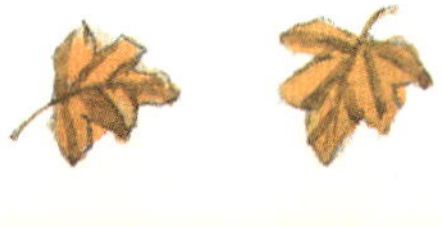

丰
丰

处暑

李少白·文

处暑到，暑气退，
高粱举起红穗穗。
棉花吐絮玉米满，
柚子飘香苹果脆。
秋虫儿，歌声美，
在开告别音乐会。

白露

李少白·文

白露到了露珠圆，珠儿挂在叶尖尖。
一颗一颗晶晶亮，映出红日和蓝天。
一夜又比一夜凉，大雁飞向南天边。

B

秋分

张春明·文

秋分到，赏月亮，白天黑夜一样长。
虫怕冷，钻进洞，动物在找过冬粮。
下雨天，没雷声，空气干燥气温降。
收玉米，播油菜，秋收秋播一起忙。

寒露

张春明·文

寒露到，露珠凉，
露水快要结成霜。
大柿子，红了皮，
好像灯笼挂树上。
候鸟们，飞南方，
园中菊花正开放。

霜降

李少白·文

秋风送雨凉，露水化成霜。
屋顶层层白，银杏片片黄。
枫叶红如花，柿树挂铃铛。
冬眠动物藏，蛰伏入梦乡。

立冬

张春明·文

秋天走，到立冬，寒潮过境草凋零。
冷风吹，降温猛，河面薄冰亮晶晶。
树叶落，枝头空，万物收藏避寒冬。

小雪

张春明 • 文

小雪到，飘雪花，
温度渐至零度下。
雨夹雪，落地化，
雪后彩虹不见啦。
小河里，冰不厚，
别到冰上去玩耍。

大雪

李少白·文

大雪时节雪常下，大似鹅毛小似沙。

给麦苗，送棉被，给田地，披白纱。

来年多生胖娃娃，五谷丰收乐哈哈。

冬至

张春明·文

冬至到，夜最长，
早早天黑落太阳。
冬至开始数九天，
数到九九好春光。
红梅花，正开放，
不怕风大雪花扬。

小寒

张春明·文

小寒到，喜鹊叫，叽叽喳喳筑新巢。
屋檐上，挂冰溜，地上结冰别滑倒。
堆雪人，打雪仗，娃娃嘻嘻哈哈笑。

新春新喜新气象
大吉大顺大家旺

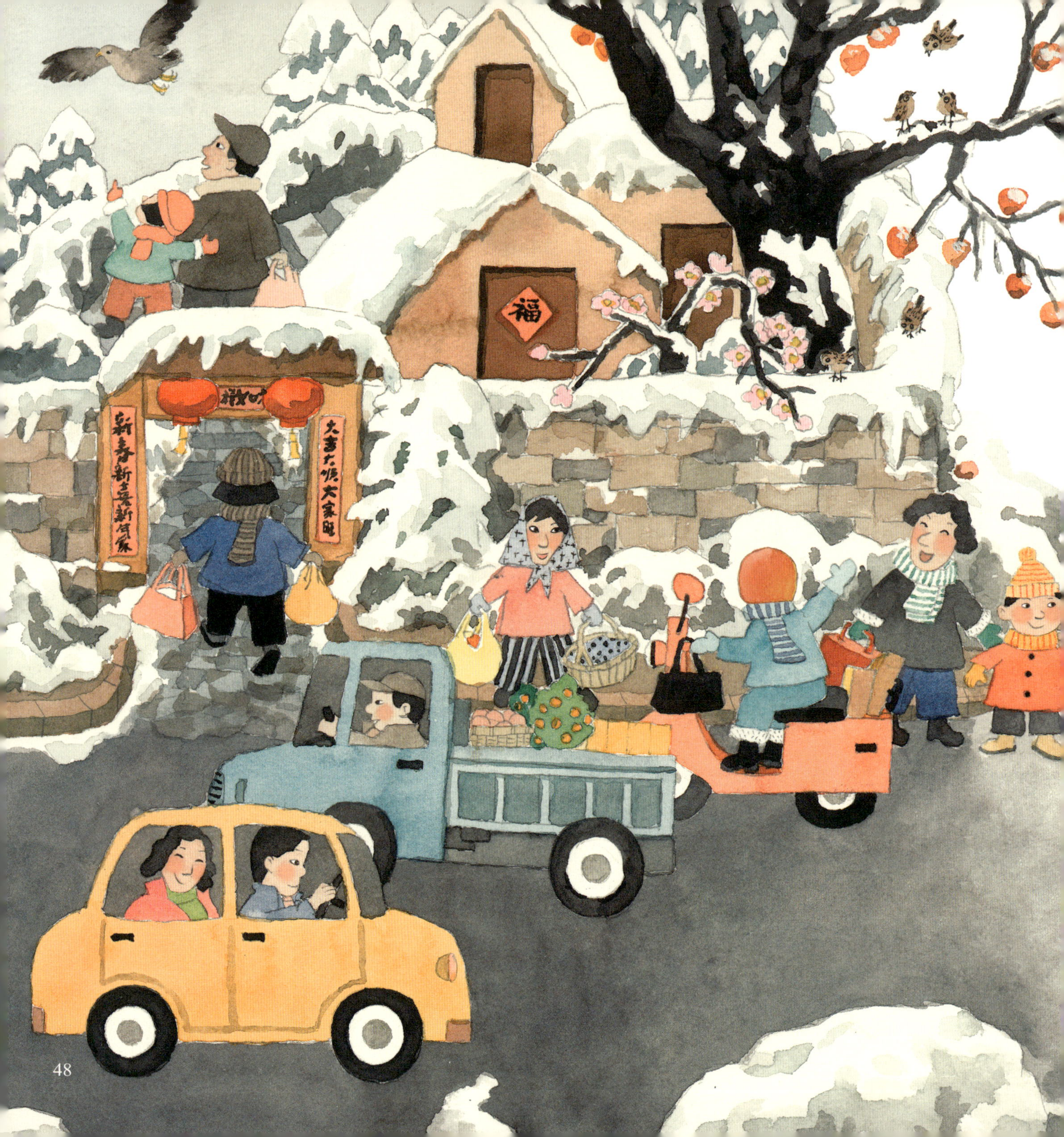

福

大寒

张春明·文

大寒到，最冷天，
以后天气渐变暖。
天上鹰，捕食欢，
补充热量抗严寒。
冰天雪地迎新春，
过了大寒又一年。

导读

节气与物候：让孩子感受中华文化之美

杨晓光

说起二十四节气与七十二物候，你会想到什么呢？每个节气有什么特征？分别对应什么物候？二十四节气与七十二物候是怎样的关系？

其实早在几千年前，我国古代劳动人民就依据太阳周年运动推算出反映季节时令变化、展现自然节律的“二十四节气”，又以五日为一候，三候为一节气的规律产生了七十二物候。二十四节气与七十二物候最早是农业生产活动的时间指南，逐渐演变为人们日常生活、礼仪、法令、秩序、民俗、娱乐等社会经济和文化活动的关键时间依据。2016年，联合国教科文组织将二十四节气列入《人类非物质文化遗产代表作名录》。

在这套图画书里，我惊喜地看到《二十四节气儿歌》把节气的特征精准地融入原创儿歌中，展现了中国文化之美。在反复吟诵朗朗上口的儿歌过程中，孩子会对二十四节气产生兴趣，进而对不同节气的特征有一定的了解。配套的二十四节气游戏卡简单有趣，既能动手又能动脑，可以让孩子在独立探索过程中获得更多的乐趣。

《七十二物候图鉴》是截然不同的展现方式，以细腻精美的图画展现出气候变换、四季交替对时令作物、动物习性产生的影响。每个节气对应三候图鉴，工笔画风惟妙惟肖，将“春有百花秋有月，夏有凉风冬有雪”跃然纸上，展现出了强烈的中国文化美学特征。当文字对节气与物候的抽象描述难以被孩子理解时，直观的图画容易让节气与物候的概念被孩子接受。

二十四节气与七十二物候折射出人与自然和谐相处等具有中国智慧的世界观和方法论。蕴含着优秀的中华传统文化特征与哲学思想，孩子可以从小学习，在学习中领略大自然的变化，在学习中感悟中华传统文化蕴含的美育特征。

（作者为中国农业大学教授）

二十四节气与七十二物候

陶妍洁

中国古人将太阳周年运动轨迹划分为24等份，每一等份为一个“节气”，统称“二十四节气”。二十四节气是中华优秀传统文化的绚丽瑰宝，既包含天文、气候、物候、时令等科学知识，又蕴含“天人合一”“顺天应时”等哲学思想，在国际气象界被誉为“中国的第五大发明”。

节气的测定最早可追溯至春秋战国时期。人们发现房屋、树木在太阳光的照射下有了影子，这些影子在一年中随着季节与时辰的不同而变化，于是人们便在平地上竖起一根竹竿，用来观测影子变化的规律，这就是最早的圭表。根据长期的观测发现，在夏天的某一天，正午表影最短，之后天气逐渐转凉，在冬天的某一天，正午表影最长，之后天气逐渐转热，由此确立了最早的两个节气“夏至”和“冬至”。连续两次测到的表影最长值或最短值之间相隔的天数是365天，因此，得出一年等于365天的结论。春秋时期，人们测定出夏至、冬至、春分、秋分四个节气。据《吕氏春秋》记载，战国时期，节气增加到八个。公元前139年，刘安所著的《淮南子》第一次完整记录了二十四节气。公元前104年，邓平、唐都、落下闳等人制定的我国第一部比较完整的历法《太初历》把二十四节气列入其中，使其正式成为历法的一部分。

二十四节气起源于黄河中下游地区，这一地带一年四季气候分明，阳光充足，雨水充沛，地势平坦，土地肥沃，适宜耕作，给农业生产提供了有利的条件。先民们经过长期的观测，总结了一年中时令、气候、物候等方面的变化规律，逐渐形成了一套完整的用于指导农业生产和日常生活的历法，具有鲜明的科学性、地域性和系统性，其丰富的内涵不仅包含节气和物候，还包括气候与季节、饮食与健康、民俗与文化等涵盖生产生活的方方面面。二十四节气中，反映季节变化的有立春、春分、立夏、夏至、立秋、秋分、立冬、冬至；反映物候特征的节气有惊蛰、清明、小满、芒种；反映降水的有雨水、谷雨、白露、寒露、霜降、小雪、大雪；反映气温变化的有小暑、大暑、处暑、小寒、大寒。

民间流传着许多的谚语，充分体现了二十四节气的科学性和指导性。例如：“清明前后，种瓜点豆”，意思是在清明节的前后就要进行瓜类、豆类作物的播种；“热在三伏，冷在三九”，意思是夏至、冬至后的第三个“九天”分别是一年中最热和最冷的时候；“种田无定例，全靠看节气”，意思是二十四节气反映着农作物等植物生长所需要的温度、湿度和光照等自然条件的变化规律，正是成语“不违农时”所表达的道理。

七十二物候是在二十四节气的基础上发展而来的，它是一种大自然的语言。物就是指生物、非生物，候则是气候的意思。物候是生物与非生物受气候及其他环境因素影响而出现的现象，如草木发芽、展叶、开花、结果，昆虫、候鸟的蛰伏与出动、啼鸣与失声、迁徙与繁育，霜雪云雾、风雨雷电、水凝成冰、冰雪消融等。古人们根据物候现象将每个节气的十五天分为三段，每段五天，每五天为一个“候应”，每一个“候应”都有与其对应的一种物候特征，反映了自然变化的规律，成为指导农事活动的历法补充。早在3000多年前，我国就有了物候记载，比雅典人的记载还早了1000多年。

民间广泛流行的“布谷布谷，种禾割麦”“桃花开、燕子来，准备谷种下田畈”等谚语，都是人们通过观察物候现象和生物规律，据此安排农事活动的生动写照。现存最早的农事历书《夏小正》提及了68种物候现象。《诗经·豳风·七月》记载了“五月鸣蜩”“八月剥枣，十月获稻”，说明早在西周时期，人们通过仔细观察物候现象，确定了包括播种、采集、收获等农事活动的时间，并用以指导农林牧副渔等各项生产活动。

二十四节气是安排农业生产、协调农事活动的时间制度，也是中国社会顺天应时的生活指南。七十二物候则是古代农业气象学和物候学的萌芽，用来预报天气和时节，应对气候变化。二十四节气与七十二物候融合四季，贯穿全年，是中国人伟大的精神创造，是中华优秀传统文化的典范，也是千百年来流淌在中国人基因里的文化自信。

（作者为中国农业博物馆副研究馆员）

图书在版编目（CIP）数据

二十四节气与七十二物候．二十四节气儿歌 / 张春明，李少白文；丁旗图．— 北京：教育科学出版社，2023.6（2024.3 重印）
（中华文化启蒙阅读资源）
ISBN 978-7-5191-3446-4

Ⅰ.①二…　Ⅱ.①张…②李…③丁…　Ⅲ.①二十四节气 — 少儿读物 ②物候学 — 少儿读物　Ⅳ.① P462-49 ② Q142.2-49

中国国家版本馆CIP数据核字(2023)第035426号

中华文化启蒙阅读资源

二十四节气与七十二物候

二十四节气儿歌

ERSHISI JIEQI ERGE

出版人　郑豪杰
策划编辑　赵建明
责任编辑　徐　灿　梁冬莹
美术编辑　王　辉
责任校对　贾静芳
责任印制　李孟晓

出版发行　教育科学出版社
社　址　北京市朝阳区安慧北里安园甲 9 号（100101）
总编室电话　010-64981290
出版部电话　010-64989487
传　真　010-64989419
经　销　各地新华书店
印　刷　北京尚唐印刷包装有限公司
开　本　889 毫米 ×1194 毫米　1/20
印　张　6
网　址　http://www.esph.com.cn
编辑部电话　010-64989386
市场部电话　010-64989572
电子邮箱　jykxcbs@263.net
内文制作　水长流文化
版　次　2023 年 6 月第 1 版
印　次　2024 年 3 月第 2 次印刷
定　价　108.00 元（全 2 册）

中华文化
启蒙阅读资源

中国教育科学研究院课程教材研发中心学前教育研究室 / 编　郑意 / 图

二十四节气与七十二物候

七十二物候图鉴

教育科学出版社
· 北 京 ·

立春

一候　东风解冻

二候　蛰虫始振

三候　鱼陟负冰

zhì
陟

立春节气通常在每年2月3、4或5日。

东风送暖，大地开始解冻。冬天躲在洞里睡觉的虫子感受到春天的气息，慢慢地苏醒，偶尔动一动僵硬的身体。河里的冰开始融化，鱼儿欢快地向水面游动，好像背起浮冰一样。

一候　东风解冻

二候　蛰虫始振

三候　鱼陟负冰

雨水

一候　獭祭鱼

二候　候雁北

三候　草木萌动

雨水节气通常在每年2月18、19或20日。

冰封的河面解冻了，水獭开始大量地捕鱼，它们还会将捕获的鱼摆在岸边，古人误认为就像人们祭天一样。大雁开始从南方飞回北方。大地在春雨的滋润下焕发出勃勃生机，草木开始抽出嫩芽。

一候　獭祭鱼

二候 候雁北

三候 草木萌动

惊蛰

一候　桃始华

二候　仓庚鸣

三候　鹰化为鸠

惊蛰节气通常在每年3月5、6或7日。

气温明显回升，山桃花开始绽放。黄莺在树枝上发出婉转的叫声，来寻求伴侣。原本活跃的鹰因为繁殖后代很少出来活动，周围的斑鸠反而一下子多了起来，古人们误以为鹰变成了鸠。

一候　桃始华

二候　仓庚鸣

三候　鹰化为鸠

春分

一候 玄鸟至

二候 雷乃发声

三候 始电

春分节气通常在每年3月20或21日。

春天已经过去了一半，燕子从南方飞回来了。下雨时，天空中会传来雷声。蒙蒙春雨中，偶尔也会出现闪电。

一候 玄鸟至

二候　雷乃发声

三候　始电

清明

一候 桐始华

二候 田鼠化为鴽

三候 虹始见

rú
鴽

清明节气通常在每年4月4、5或6日。

桐花开放了。喜阴的田鼠躲回洞中不常出现了，鹌鹑繁殖的数量增多，古人们误认为田鼠变成了鹌鹑。雨后的天空可以见到彩虹了。

一候 桐始华

二候 田鼠化为鴽

三候 虹始见

谷雨

一候 萍始生

二候 鸣鸠拂其羽

三候 戴胜降于桑

谷雨节气通常在每年4月19、20或21日。

气温回升加快，雨水增多，浮萍开始生长。人们可以听到布谷鸟悦耳的叫声，也可以见到它雨后拂顺羽毛的身姿。人们还常常能见到戴胜鸟落在桑树上。

一候 萍始生

二候　鸣鸠拂其羽

三候　戴胜降于桑

立 夏

一候 蝼蛔鸣

二候 蚯蚓出

三候 王瓜生

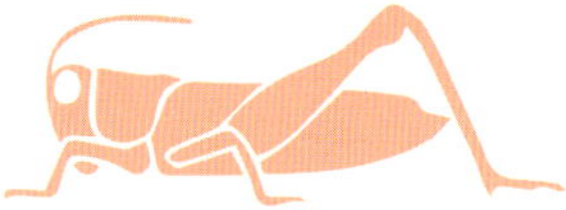

立夏节气通常在每年5月5、6或7日。

田野中的蝼蛔开始鸣叫。蚯蚓从地下爬出来活动。王瓜的藤蔓开始迅速地攀爬生长。

一候 蝼蛔鸣

二候　蚯蚓出

三候　王瓜生

小满

一候　苦菜秀

二候　靡草死

三候　麦秋至

小满节气通常在每年5月20、21或22日。

苦菜繁茂生长，在荒滩野地上随处可见。天气渐热，一些喜阴的枝条细软的植物，在强烈的阳光照射下逐渐干枯而死。小麦由青转黄，开始成熟。

一候　苦菜秀

二候　靡草死

三候　麦秋至

芒种

一候　螳螂生

二候　䴗始鸣

三候　反舌无声

jú
䴗

芒种节气通常在每年6月5、6或7日。

螳螂的幼虫孵化而出，小螳螂们从卵中一一爬出来，迅速四散。伯劳鸟开始在枝头上鸣叫。而叫声婉转动听的反舌鸟感应到气候的变化停止了鸣叫。

一候　螳螂生

二候 鶪始鸣

三候 反舌无声

夏至

一候　鹿角解

二候　蜩始鸣

三候　半夏生

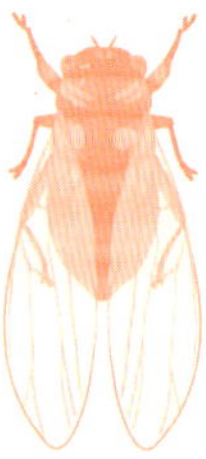

tiáo
蜩

夏至节气通常在每年6月21或22日。

梅花鹿的角开始脱落。雄性的知了开始鼓翼鸣叫。半夏这种喜阴的药草繁茂地生长。

一候　鹿角解

二候 蜩始鸣

三候 半夏生

小暑

一候　温风至

二候　蟋蟀居壁

三候　鹰始鸷

zhì
鸷

小暑节气通常在每年7月6、7或8日。

天气炎热，天空中吹来的风不再有凉意。蟋蟀因为炎热离开田野，到庭院阴凉的墙角下躲避暑热。地面气温升高，老鹰凶猛地盘旋在高空中。

一候　温风至

二候 蟋蟀居壁

三候 鹰始挚

大暑

一候　腐草为萤

二候　土润溽暑

三候　大雨时行

rù
溽

大暑节气通常在每年7月22、23或24日。

暴晒和多雨加速了杂草的干枯腐坏，产在枯草上的虫卵中孵出好多萤火虫，古人误以为萤火虫是腐草变成的。天空中湿气加重，天气闷热，土地潮湿，时常有大的雷雨出现。

一候　腐草为萤

二候　土润溽暑

三候　大雨时行

立秋

一候 凉风至

二候 白露降

三候 寒蝉鸣

一候 凉风至

立秋节气通常在每年8月7、8或9日。

吹来的风变得清凉，不再是暑天湿热的感觉。气温逐渐下降，空气中的水蒸气遇到植物的叶子会凝结成一颗颗露珠。随着秋天的来临，寒蝉卖力地鸣叫。

二候 白露降

三候 寒蝉鸣

处暑

一候 鹰乃祭鸟

二候 天地始肃

三候 禾乃登

处暑节气通常在每年8月22、23或24日。

鹰开始大量捕猎鸟类，还会把捕获来的猎物摆在地上，古人误认为这就像人们祭天一样。万物开始凋零，凉气让植物的叶子日渐发黄，天地间有了肃杀之气。庄稼成熟，人们准备收割粮食。

一候 鹰乃祭鸟

二候　天地始肃

三候　禾乃登

白露

一候　鸿雁来

二候　玄鸟归

三候　群鸟养羞

白露节气通常在每年9月7、8或9日。

天气转凉，居住在北方的大雁开始南迁。燕子也要飞回南方避寒。鸟儿们都开始储备干果和粮食，准备过冬。

一候　鸿雁来

二候 玄鸟归

三候 群鸟养羞

秋分

一候 雷始收声

二候 蛰虫坯户

三候 水始涸

坯（pī）涸（hé）

秋分节气通常在每年9月22、23或24日。

雷雨减少，人们听不到隆隆的雷声了。蛰居的虫子开始藏入虫穴，用细土封住洞口，防止寒气入侵。降水减少，天气干燥，水分蒸发快，一些小水塘逐渐干涸。

一候 雷始收声

二候　蛰虫坯户

三候　水始涸

寒露

一候　鸿雁来宾

二候　雀入大水为蛤

三候　菊有黄华

gé
蛤

寒露节气通常在每年10月7、8或9日。

鸿雁大举南迁。天气寒冷，黄雀迁徙入林，而沼泽湖泊中的蛤蜊多了起来，蛤蜊壳上的条纹及颜色与黄雀的外表十分相似，古人误以为是黄雀变成了蛤蜊。山野中，一簇簇的山菊花竞相开放。

一候　鸿雁来宾

二候 雀入大水为蛤

三候 菊有黄华

霜降

一候 豺乃祭兽

二候 草木黄落

三候 蛰虫咸俯

霜降节气通常在每年10月23或24日。

豺开始大量捕获猎物，还会把猎物放在地上，古人误认为这就像人们祭天一样。树叶枯黄，纷纷掉落。蛰伏在洞中的虫子不动不食，进入冬眠状态。

一候 豺乃祭兽

二候　草木黄落

三候　蛰虫咸俯

立冬

一候 水始冰

二候 地始冻

三候 雉入大水为蜃

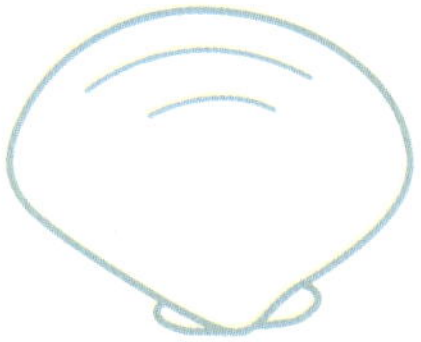

雉（zhì）蜃（shèn）

立冬节气通常在每年11月7或8日。

水开始结成冰。土地慢慢冻结。野鸡一类的大鸟不多见了，田野中的食物越来越少，野鸡飞入山林深处寻觅食物了。海边的大蛤由于花纹颇似野鸡羽毛的颜色，所以古人误以为野鸡变成了大蛤。

一候 水始冰

二候 地始冻

三候 雉入大水为蜃

小 雪

一候 虹藏不见

二候 天气上升，

地气下降

三候 闭塞而成冬

小雪节气通常在每年11月22或23日。

气温下降，雨水变成了雪，人们很难看到彩虹了。天空中的阳气上升，大地中的阴气下降，大气循环减弱。万物失去生机，天地闭塞，天气愈发寒冷。

一候 虹藏不见

二候 天气上升，地气下降

三候 闭塞而成冬

大雪

一候 鹖旦不鸣

二候 虎始交

三候 荔挺出

hé
鹖

大雪节气通常在每年12月6、7或8日。

天气更加寒冷，寒号鸟也不再鸣叫了，其实寒号鸟学名叫“复齿鼯鼠”，是一种会在树林间滑翔的哺乳动物，古人误认为它们是一种鸟。阳气萌动，老虎开始寻找配偶。马蔺这种耐寒的植物开始萌芽，长出地面。

一候 鹖旦不鸣

二候　虎始交

三候　荔挺出

冬至

一候　蚯蚓结

二候　麋角解

三候　水泉动

麋（mi）

冬至节气通常在每年12月21、22或23日。

藏在地下的蚯蚓被冻得蜷缩成一团，像绳结一样。雄麋鹿的角开始自然脱落。大地的阳气已有回升的迹象，山中的泉水开始流动。

一候　蚯蚓结

二候 麋角解

三候 水泉动

小寒

一候　雁北乡

二候　鹊始巢

三候　雉始雊

zhì　qú
雉　雊

小寒节气通常在每年1月5、6或7日。

大雁离开南方向北方迁徙。喜鹊开始筑窝，准备繁殖后代。早春临近，野鸡开始鸣叫求偶。

一候　雁北乡

二候　鹊始巢

三候　雉始鸲

大寒

一候　鸡乳

二候　征鸟厉疾

三候　水泽腹坚

大寒节气通常在每年1月20或21日。

母鸡开始孵小鸡。大地萧条，地上的猎物无处隐身，高空盘旋的猛禽会快速扑向猎物。湖泊池塘中的水结成了厚厚的冰，冰面十分坚实，天气到了最寒冷的时候。

一候　鸡乳

二候 征鸟厉疾

三候 水泽腹坚

导读

节气与物候：让孩子感受中华文化之美

杨晓光

说起二十四节气与七十二物候，你会想到什么呢？每个节气有什么特征？分别对应什么物候？二十四节气与七十二物候是怎样的关系？

其实早在几千年前，我国古代劳动人民就依据太阳周年运动推算出反映季节时令变化、展现自然节律的“二十四节气”，又以五日为一候，三候为一节气的规律产生了七十二物候。二十四节气与七十二物候最早是农业生产活动的时间指南，逐渐演变为人们日常生活、礼仪、法令、秩序、民俗、娱乐等社会经济和文化活动的关键时间依据。2016年，联合国教科文组织将二十四节气列入《人类非物质文化遗产代表作名录》。

在这套图画书里，我惊喜地看到《二十四节气儿歌》把节气的特征精准地融入原创儿歌中，展现了中国文化之美。在反复吟诵朗朗上口的儿歌过程中，孩子会对二十四节气产生兴趣，进而对不同节气的特征有一定的了解。配套的二十四节气游戏卡简单有趣，既能动手又能动脑，可以让孩子在独立探索过程中获得更多的乐趣。

《七十二物候图鉴》是截然不同的展现方式，以细腻精美的图画展现出气候变换、四季交替对时令作物、动物习性产生的影响。每个节气对应三候图鉴，工笔画风惟妙惟肖，将“春有百花秋有月，夏有凉风冬有雪”跃然纸上，展现出了强烈的中国文化美学特征。当文字对节气与物候的抽象描述难以被孩子理解时，直观的图画容易让节气与物候的概念被孩子接受。

二十四节气与七十二物候折射出人与自然和谐相处等具有中国智慧的世界观和方法论。蕴含着优秀的中华传统文化特征与哲学思想，孩子可以从小学习，在学习中领略大自然的变化，在学习中感悟中华传统文化蕴含的美育特征。

（作者为中国农业大学教授）

二十四节气与七十二物候

陶妍洁

中国古人将太阳周年运动轨迹划分为24等份，每一等份为一个“节气”，统称“二十四节气”。二十四节气是中华优秀传统文化的绚丽瑰宝，既包含天文、气候、物候、时令等科学知识，又蕴含“天人合一”“顺天应时”等哲学思想，在国际气象界被誉为“中国的第五大发明”。

节气的测定最早可追溯至春秋战国时期。人们发现房屋、树木在太阳光的照射下有了影子，这些影子在一年中随着季节与时辰的不同而变化，于是人们便在平地上竖起一根竹竿，用来观测影子变化的规律，这就是最早的圭表。根据长期的观测发现，在夏天的某一天，正午表影最短，之后天气逐渐转凉，在冬天的某一天，正午表影最长，之后天气逐渐转热，由此确立了最早的两个节气“夏至”和“冬至”。连续两次测到的表影最长值或最短值之间相隔的天数是365天，因此，得出一年等于365天的结论。春秋时期，人们测定出夏至、冬至、春分、秋分四个节气。据《吕氏春秋》记载，战国时期，节气增加到八个。公元前139年，刘安所著的《淮南子》第一次完整记录了二十四节气。公元前104年，邓平、唐都、落下闳等人制定的我国第一部比较完整的历法《太初历》把二十四节气列入其中，使其正式成为历法的一部分。

二十四节气起源于黄河中下游地区，这一地带一年四季气候分明，阳光充足，雨水充沛，地势平坦，土地肥沃，适宜耕作，给农业生产提供了有利的条件。先民们经过长期的观测，总结了一年中时令、气候、物候等方面的变化规律，逐渐形成了一套完整的用于指导农业生产和日常生活的历法，具有鲜明的科学性、地域性和系统性，其丰富的内涵不仅包含节气和物候，还包括气候与季节、饮食与健康、民俗与文化等涵盖生产生活的方方面面。二十四节气中，反映季节变化的有立春、春分、立夏、夏至、立秋、秋分、立冬、冬至；反映物候特征的节气有惊蛰、清明、小满、芒种；反映降水的有雨水、谷雨、白露、寒露、霜降、小雪、大雪；反映气温变化的有小暑、大暑、处暑、小寒、大寒。

民间流传着许多的谚语，充分体现了二十四节气的科学性和指导性。例如：“清明前后，种瓜点豆”，意思是在清明节的前后就要进行瓜类、豆类作物的播种；“热在三伏，冷在三九”，意思是夏至、冬至后的第三个“九天”分别是一年中最热和最冷的时候；“种田无定例，全靠看节气”，意思是二十四节气反映着农作物等植物生长所需要的温度、湿度和光照等自然条件的变化规律，正是成语“不违农时”所表达的道理。

七十二物候是在二十四节气的基础上发展而来的，它是一种大自然的语言。物就是指生物、非生物，候则是气候的意思。物候是生物与非生物受气候及其他环境因素影响而出现的现象，如草木发芽、展叶、开花、结果，昆虫、候鸟的蛰伏与出动、啼鸣与失声、迁徙与繁育，霜雪云雾、风雨雷电、水凝成冰、冰雪消融等。古人们根据物候现象将每个节气的十五天分为三段，每段五天，每五天为一个“候应”，每一个“候应”都有与其对应的一种物候特征，反映了自然变化的规律，成为指导农事活动的历法补充。早在3000多年前，我国就有了物候记载，比雅典人的记载还早了1000多年。

民间广泛流行的“布谷布谷，种禾割麦”“桃花开、燕子来，准备谷种下田畈”等谚语，都是人们通过观察物候现象和生物规律，据此安排农事活动的生动写照。现存最早的农事历书《夏小正》提及了68种物候现象。《诗经·豳风·七月》记载了“五月鸣蜩”“八月剥枣，十月获稻”，说明早在西周时期，人们通过仔细观察物候现象，确定了包括播种、采集、收获等农事活动的时间，并用以指导农林牧副渔等各项生产活动。

二十四节气是安排农业生产、协调农事活动的时间制度，也是中国社会顺天应时的生活指南。七十二物候则是古代农业气象学和物候学的萌芽，用来预报天气和时节，应对气候变化。二十四节气与七十二物候融合四季，贯穿全年，是中国人伟大的精神创造，是中华优秀传统文化的典范，也是千百年来流淌在中国人基因里的文化自信。

（作者为中国农业博物馆副研究馆员）

图书在版编目（CIP）数据

二十四节气与七十二物候．七十二物候图鉴 / 中国教育科学研究院课程教材研发中心学前教育研究室编；郑意图．
— 北京：教育科学出版社，2023.6（2024.3 重印）
（中华文化启蒙阅读资源）
ISBN 978-7-5191-3446-4

Ⅰ. ①二… Ⅱ. ①中… ②郑… Ⅲ. ①二十四节气 — 少儿读物 ②物候学 — 少儿读物 Ⅳ. ① P462-49 ② Q142.2-49

中国国家版本馆CIP数据核字(2023)第035429号

中华文化启蒙阅读资源

二十四节气与七十二物候

七十二物候图鉴

QISHIER WUHOU TUJIAN

出 版 人　郑豪杰
策划编辑　赵建明
责任编辑　徐　灿　梁冬莹
美术编辑　王　辉
责任校对　贾静芳
责任印制　李孟晓

出版发行　教育科学出版社
社　　址　北京市朝阳区安慧北里安园甲 9 号（100101）
总编室电话　010-64981290
出版部电话　010-64989487
传　　真　010-64989419
经　　销　各地新华书店
印　　刷　北京尚唐印刷包装有限公司
开　　本　889 毫米 × 1194 毫米　1/20
印　　张　6
网　　址　http://www.esph.com.cn
编辑部电话　010-64989386
市场部电话　010-64989572
电子邮箱　jykxcbs@263.net
内文制作　水长流文化
版　　次　2023 年 6 月第 1 版
印　　次　2024 年 3 月第 2 次印刷
定　　价　108.00 元（全 2 册）